重庆市建设工程施工仪器仪表台班定额

CQYQYBDE—2018

批准部门：重庆市城乡建设委员会

主编部门：重庆市城乡建设委员会

主编单位：重庆市建设工程造价管理总站

施行日期：2018年8月1日

重庆大学出版社

图书在版编目(CIP)数据

重庆市建设工程施工仪器仪表台班定额/重庆市建设工程造价管理总站主编.——重庆:重庆大学出版社,2018.7

ISBN 978-7-5689-1230-3

Ⅰ.①重… Ⅱ.①重… Ⅲ.①建筑施工—仪器—费用—工时定额—重庆②建筑施工—仪表—费用—工时定额—重庆 Ⅳ.①TU723.3

中国版本图书馆CIP数据核字(2018)第141324号

重庆市建设工程施工仪器仪表台班定额

CQYQYBDE — 2018

重庆市建设工程造价管理总站 主编

责任编辑:范春青 版式设计:范春青

责任校对:杨育彪 责任印制:张 策

*

重庆大学出版社出版发行

出版人:易树平

社址:重庆市沙坪坝区大学城西路21号

邮编:401331

电话:(023) 88617190 88617185(中小学)

传真:(023) 88617186 88617166

网址:http://www.cqup.com.cn

邮箱:fxk@cqup.com.cn (营销中心)

全国新华书店经销

重庆市正前方彩色印刷有限公司印刷

*

开本:890mm×1240mm 1/16 印张:4.5 字数:145千

2018年7月第1版 2018年7月第1次印刷

ISBN 978-7-5689-1230-3 定价:20.00元

前　言

为合理确定和有效控制工程造价，提高工程投资效益，维护发承包人合法权益，促进建设市场健康发展，我们组织重庆市建设、设计、施工及造价咨询企业，编制了2018年《重庆市建设工程施工仪器仪表台班定额》CQYQYBDE—2018。

在执行过程中，请各单位注意积累资料，总结经验，如发现需要修改和补充之处，请将意见和有关资料提交至重庆市建设工程造价管理总站（地址：重庆市渝中区长江一路58号），以便及时研究解决。

领导小组

组　　长：乔明佳

副 组 长：李　明

成　　员：夏太凤　张　琦　罗天菊　杨万洪　冉龙彬　刘　洁　黄　刚

综 合 组

组　　长：张　琦

副 组 长：杨万洪　冉龙彬　刘　洁　黄　刚

成　　员：刘绍均　邱成英　傅　煜　娄　进　王鹏程　吴红杰　任玉兰　黄　怀
　　　　　李　莉

编 制 组

组　　长：何长国

编制人员：任玉兰

材 料 组

组　　长：邱成英

编制人员：徐　进　吕　静　李现峰　刘　芳　刘　畅　唐　波　王　红

计算机辅助：成都鹏业软件股份有限公司　杨　浩　张福伦

重庆市城乡建设委员会

渝建〔2018〕200号

重庆市城乡建设委员会
关于颁发2018年《重庆市房屋建筑与装饰工程计价定额》
等定额的通知

各区县(自治县)城乡建委，两江新区、经开区、高新区、万盛经开区、双桥经开区建设局，有关单位：

为合理确定和有效控制工程造价，提高工程投资效益，规范建设市场计价行为，推动建设行业持续健康发展，结合我市实际，我委编制了2018年《重庆市房屋建筑与装饰工程计价定额》、《重庆市仿古建筑工程计价定额》、《重庆市通用安装工程计价定额》、《重庆市市政工程计价定额》、《重庆市园林绿化工程计价定额》、《重庆市构筑物工程计价定额》、《重庆市城市轨道交通工程计价定额》、《重庆市爆破工程计价定额》、《重庆市房屋修缮工程计价定额》、《重庆市绿色建筑工程计价定额》和《重庆市建设工程施工机械台班定额》、《重庆市建设工程施工仪器仪表台班定额》、《重庆市建设工程混凝土及砂浆配合比表》(以上简称2018年计价定额)，现予以颁发，并将有关事宜通知如下：

一、2018年计价定额于2018年8月1日起在新开工的建设工程中执行，在此之前已发出招标文件或已签订施工合同的工程仍按原招标文件或施工合同执行。

二、2018年计价定额与2018年《重庆市建设工程费用定额》配套执行。

三、2008年颁发的《重庆市建筑工程计价定额》、《重庆市装饰工程计价定额》、《重庆市安装工程计价定额》、《重庆市市政工程计价定额》、《重庆市仿古建筑及园林工程计价定额》、《重庆市房屋修缮工程计价定额》，2011年颁发的《重庆市城市轨道交通工程计价定额》，2013年颁发的《重庆市建筑安装工程节能定额》，以及有关配套定额、解释和规定，自2018年8月1日起停止使用。

四、2018年计价定额由重庆市建设工程造价管理总站负责管理和解释。

重庆市城乡建设委员会

2018年5月2日

目　　录

说明 …… (1)
87－01.自动化仪表及系统 ……………………………………………………………………………… (3)
87－06.电工仪器仪表 ……………………………………………………………………………………… (11)
87－11.光学仪器 …………………………………………………………………………………………… (21)
87－16.分析仪器 …………………………………………………………………………………………… (27)
87－21.试验机 ……………………………………………………………………………………………… (33)
87－31.电子和通信测量仪器仪表 ………………………………………………………………………… (37)
87－46.专用仪器仪表 ……………………………………………………………………………………… (55)

说　明

一、《重庆市建设工程施工仪器仪表台班定额》(以下简称本定额)是根据2015年住房和城乡建设部《建设工程施工仪器仪表台班费用编制规则》、《住房城乡建设部　财政部关于印发〈建筑安装工程费用项目组成〉的通知》(建标〔2013〕44号文)、《财政部　国家税务总局关于全面推开营业税改增值税试点的通知》(财税〔2016〕36号文),结合本市实际情况编制的。

二、本定额是编制2018年重庆市建设工程计价定额施工仪器仪表台班单价的依据。

三、本定额施工仪器仪表包括自动化仪表及系统、电工仪器仪表、光学仪器、分析仪表、试验机、电子和通信测量仪器仪表、专用仪器仪表,共七类。

四、本定额施工仪器仪表台班单价由以下四项费用组成:

(一)折旧费:是指施工仪器仪表在耐用总台班内,陆续收回其原值的费用。

(二)维护费:是指施工仪器仪表各级维护、临时故障排除所需的费用及为保证仪器仪表正常使用所需备件(备品)的维护费用。

(三)校验费:是指按国家与地方政府规定的标定与检验的费用。

(四)动力费:是指施工仪器仪表在使用过程中所耗用的电费。

五、施工仪器仪表台班单价中的费用组成未包括检测软件的相关费用。

六、施工仪器仪表台班表中的台班单价是按增值税一般计税方法计算的,台班单价为不含税价。当采用增值税简易计税方法时,台班单价应为含税价,其调整方法如下:

台班单价＝ 定额台班单价×(1＋16％)。

七、本定额动力费中电的单价为0.70元/kW·h,是以定额编制期价格为依据确定的,实际价格应根据预算编制期及工程所在地市场价格进行调整。

87—01.自动化仪表及系统

87—01.自动化仪表及系统

编　码	仪器仪表名称	性能规格	台班单价(元)	费用组成(元)			
				折旧费	维护费	校验费	动力费
870110	温度仪表						
870110001	数字温度计	量程:－250～1767℃	6.94	3.90	1.03	1.85	0.17
870110005	专业温度表	量程:－200～1372℃	4.16	2.30	0.61	1.09	0.17
870110009	接触式测温仪	量程:－200～750℃,精度:±0.014%	38.07	26.45	4.09	7.36	0.17
870110010	接触式测温仪	量程:－250～1372℃	4.52	2.51	0.66	1.19	0.17
870110014	记忆式温度计	量程:－200～1372℃	3.40	1.86	0.49	0.88	0.17
870110018	单通道温度仪	量程:－50～300℃	7.52	4.23	1.11	2.00	0.17
870110022	双通道测温仪	量程:－50～1000℃	5.33	2.97	0.78	1.41	0.17
870110026	红外测温仪	量程:－50～2200℃	7.37	4.15	1.09	1.96	0.17
870110027	红外测温仪	量程:－30～1200℃,精度:±1%	33.37	23.01	3.64	6.55	0.17
870110028	红外测温仪	量程:600～3000℃,精度:±1%	39.72	27.65	4.25	7.65	0.17
870110029	红外测温仪	量程:200～1800℃,精度:±1%	35.91	24.87	3.88	6.99	0.17
870110033	手持高精度低温红外测量仪	量程:－50～500℃	21.94	14.66	2.54	4.57	0.17
870110037	温度校验仪	量程:－50～50℃	87.68	63.29	8.94	15.29	0.17
870110038	温度校验仪	量程:0～100℃	74.02	53.08	7.42	13.35	0.17
870110039	温度校验仪	量程:33～650℃	92.88	67.65	8.95	16.11	0.17
870110040	温度校验仪	量程:300～1205℃	91.20	66.35	8.82	15.87	0.17

编　码	仪器仪表名称	性能规格	台班单价(元)	费用组成(元)			
				折旧费	维护费	校验费	动力费
870110041	温度校验仪	量程:－10～55℃	33.75	23.29	3.68	6.62	0.17
870110042	温度检定箱 HWS－IV	量程:5～50℃,精度:±0.01%	99.01	72.38	9.45	17.01	0.17
870110045	热电偶精密测温仪	量程:－200～1800℃	9.32	5.44	1.33	2.39	0.17
870110049	干体式温度校验仪	量程:－20～650℃,精度:± 0.06	81.79	58.83	8.35	14.44	0.17
870110053	温度电信号过程校准仪	量程:0～20mA	24.13	16.26	2.75	4.95	0.17
870110057	温度自动检定系统	量程:热电阻 0～300℃,热电偶 300～1200℃	118.24	87.23	11.01	19.82	0.17
870110058	温度自动检定系统	量程:300～1300℃	267.82	213.43	19.37	34.86	0.17
870110062	CEM 专业红外摄温仪	量程:－50～2200℃	9.73	5.74	1.37	2.46	0.17
870110066	红外非接触式测温仪	量程:－50～1400℃	28.19	19.23	3.14	5.65	0.17
870110070	标准热电偶	量程:300～1300℃	12.03	7.42	1.59	2.86	0.17
870110074	标准铂电阻温度计	量程:0～420℃	14.07	8.91	1.78	3.21	0.17
870110078	温度读数观测仪	量程:300～1300℃	7.43	4.18	1.10	1.98	0.17
870110082	热电偶管状检定炉	量程:0～1800℃ ,精度:< ± 0.5%	20.29	13.46	2.38	4.29	0.17
870110086	四通道数字测温仪	量程:在－100℃时为±0.004℃,在 100℃时为±0.009℃。热敏电阻的测量准确度在 25℃时为±0.0025℃,分辨率:0.0001℃	79.19	57.07	7.84	14.11	0.17
870110090	低温恒温槽	恒温范围:－5～100℃	8.05	4.54	1.19	2.15	0.17
870110094	铂铑-铂热电偶	量程:300～1300℃	6.13	3.43	0.90	1.63	0.17
870110098	自动温度校准系统	量程:－20～650℃,精度:±0.06%	81.47	58.83	8.02	14.44	0.17
870113	压力仪表						

编　码	仪器仪表名称	性能规格	台班单价（元）	费用组成（元）			
				折旧费	维护费	校验费	动力费
870113001	数字压力表	量程:－90kPa～2.5MPa,精度:±0.05%	19.79	13.09	2.33	4.20	0.17
870113002	数字压力表	量程:－100～100psi,分辨率:0.1psi,精度:±0.4%	4.49	2.49	0.66	1.18	0.17
870113006	数字精密压力表	量程:0～60MPa	15.71	10.11	1.94	3.49	0.17
870113010	手提式数字压力表	量程:0～600kPa,0～1000kPa,精度:±0.05%	58.38	41.29	6.04	10.88	0.17
870113014	高精度耐高温压力表	量程:0～16MPa,精度:± 0.4%	36.54	25.33	3.94	7.10	0.17
870113015	数字微压计	量程:3500Pa ,精度:±0.5%	4.36	2.41	0.64	1.14	0.17
870113019	数字式电子微压计	量程:压力:0～20kPa,风速:1.3～99.9 m/s	38.70	26.91	4.15	7.47	0.17
870113020	数字式电子微压计	量程:±7000Pa	55.21	38.97	5.74	10.33	0.17
870113021	数字式电子微压计	量程:±10000Pa ,精度:±0.01%	11.78	7.24	1.56	2.81	0.17
870113025	便携式电动泵压力校验仪	量程:－85kPa～1MPa	39.03	27.15	4.18	7.53	0.17
870113029	多功能压力校验仪	量程:－0.1～70MPa	200.81	154.90	16.34	29.40	0.17
870113033	压力校验仪	量程:真空～70MPa	42.51	29.69	4.52	8.13	0.17
870113034	压力校验仪	量程:－100kPa～2MPa	125.45	92.80	11.60	20.88	0.17
870113038	高压气动校验仪	量程:3.5MPa,精度:±0.05%	25.02	16.91	2.84	5.10	0.17
870113042	智能数字压力校验仪	量程:0～250kPa,精度:±2%	29.30	20.04	3.25	5.85	0.17
870113043	智能数字压力校验仪	量程:－0.1～250MPa ,精度:±0.05%	48.99	34.43	5.14	9.25	0.17
870113047	高精度 40 通道压力采集系统	量程:0～15kHz	148.25	111.36	13.11	23.60	0.17
870113051	数字压力校准器	量程:0～689kPa	22.94	15.39	2.64	4.74	0.17

编　码	仪器仪表名称	性能规格	台班单价（元）	费用组成（元）			
				折旧费	维护费	校验费	动力费
870113055	标准压力发生器	量程：0～200kPa	75.88	54.52	7.57	13.63	0.17
870113059	标准差压发生器 PASHEN	范围：0～200kPa	26.56	18.04	2.98	5.37	0.17
870113063	智能数字压力校验仪	量程：0～60kPa ，精度：±0.02％	21.18	14.11	2.47	4.44	0.17
870113070	活塞式压力计		6.51	3.65	0.96	1.73	0.17
870116	**流量仪表**						
870116001	数字压差计	量程：0～20kPa	7.90	4.45	1.17	2.11	0.17
870116005	超声波流量计	量程：0.01～30m/s，精度：±1％	7.43	4.18	1.10	1.98	0.17
870116006	超声波流量计	量程：流速＞0.3m/s，精度：±0.5％；流速≤0.3m/s，精度：±0.003％	62.83	44.54	6.47	11.65	0.17
870116010	便携式双探头超声波流量计	量程：流速：0～64m/s	8.43	4.79	1.24	2.23	0.17
870122	**机械量仪表**						
870122001	单通道在线记录仪	量程（DC）：10mV～50V，0.1～10mA	30.18	20.64	3.33	5.99	0.22
870122005	双通道在线记录仪	量程（AC）：100～400V，10～500A	36.14	25.00	3.90	7.02	0.22
870122009	转速表	量程：50～40000r/min，（多量程），精度：显示值×（±0.05％）＝±1 位	15.75	10.10	1.94	3.49	0.22
870125	**显示仪表**						
870125001	彩色监视器	最高清晰度：1250TVL	4.40	2.13	0.56	1.01	0.70
870131	**气动单元组合仪表**						
870131001	气动综合校验台	综合校验	8.38	4.34	1.14	2.06	0.84
870134	**电动单元组合仪表**						

编　码	仪器仪表名称	性能规格	台班单价(元)	费用组成(元)			
				折旧费	维护费	校验费	动力费
870134001	电动综合校验台	综合校验	16.20	9.98	1.92	3.46	0.84
870199	**其他自动化仪表及系统**						
870199001	特稳携式校验仪	量程:0～10V,4～20mA,10 种热电偶,4 种热电阻的稳定标准信号输出与测量,精度:±0.02%	37.49	25.80	4.00	7.21	0.48
870199003	无线高压核相仪	量程:0.38kV～550kV,同相误差≤10°,不同相误差≤15°	11.71	6.96	1.53	2.75	0.48
870199005	现场过程信号校准仪	量程:300V/30mA	71.69	51.04	7.20	12.97	0.48
870199007	综合校验仪	量程:11～300V ,精度:0.01%	81.94	58.96	8.04	14.47	0.48
870199008	便携式综合校验仪		25.78	18.32	2.50	4.49	0.48
870199009	手操器	量程:0～50000kPa,输出信号:2～4mA	59.33	41.76	6.10	10.99	0.48
870199011	笔记本电脑	配置:CPU 主频 3.3GHz,内存 4GB ;硬盘 1T ;独立显卡	9.17	5.10	1.28	2.31	0.48
870199013	宽行打印机	136 列	5.28	2.77	0.73	1.31	0.48
870199015	里氏硬度计	量程:HL200～960,HV32～1000,HB30～680,HRB4～100,HRC20～70,HSD32～102;精度:±4%	23.45	15.54	2.66	4.78	0.48
870199017	过程仪表	量程:压力:0～4MPa、温度:－40～600℃,湿度:0～100%	21.23	13.92	2.44	4.40	0.48
870199019	数字毫秒表	量程:0.0001～9999.9s,精度:优于 5×10^{-5}	3.70	1.86	0.49	0.88	0.48
870199023	三参数测试仪	量程:输出电压:0～1000V,精度:±1%;恒定电流:1mA,精度:± 2%;漏电流测量:20μA,200μA	8.54	4.64	1.22	2.20	0.48
870199025	数字式快速对线仪		43.07	29.69	4.61	8.30	0.48

87—06.电工仪器仪表

87—06.电工仪器仪表

编　码	仪器仪表名称	性能规格	台班单价(元)	费用组成(元)			
				折旧费	维护费	校验费	动力费
870613	电工仪器及指针式电表						
870613001	高压直流电压表	量程:0～40kV	10.96	6.68	1.49	2.68	0.11
870613005	数字高压表	AC 1.5% ,DC 1.5%	10.87	6.61	1.48	2.66	0.11
870613009	变压器欧姆表	量程:0～2000Ω	40.60	28.34	4.34	7.81	0.11
870613014	兆欧表	量程:1000GΩ±2%,50V～1kV	31.69	21.83	3.48	6.27	0.11
870613018	高压兆欧表	量程:1～1000GΩ,500V～5kV	46.61	32.73	4.92	8.85	0.11
870613019	高压兆欧表	量程:200GΩ/400GΩ,5kV/10kV,	21.85	14.64	2.54	4.57	0.11
870613020	高压兆欧表	量程:2000GΩ,100V～1kV	24.10	16.28	2.75	4.95	0.11
870613023	手持式万用表	10000 计数,真有效值	4.06	2.27	0.60	1.08	0.11
870613024	手持式万用表	50000 计数,真有效值,PC 接口	6.32	3.57	0.94	1.69	0.11
870613028	工业用真有效值万用表	直/交流电压:0.1mV～1000V,直/交流电流:0.1μA～10A,电阻:0.1Ω～50MΩ,电容:1nF～9999μF,频率:0.5Hz～199.99kHz,K 型热电偶温度:－200～1090℃	5.58	3.15	0.83	1.49	0.11
870613032	真有效值数据存储型万用表	直/交流电压:50mV～1000V,直/交流电流:500μA～10A,电阻:50Ω～500MΩ,电容:1nF～100mF,频率:1Hz～1MHz,K 型热电偶温度:－200～1350℃	7.65	4.34	1.14	2.06	0.11
870613036	钳形漏电流测试仪	量程:20mA～200A	5.24	2.95	0.78	1.40	0.11
870613037	钳形漏电流测试仪	量程:200mA～1000A	7.80	4.43	1.16	2.10	0.11

编　码	仪器仪表名称	性能规格	台班单价(元)	费用组成(元)			
				折旧费	维护费	校验费	动力费
870613041	多功能交直流钳形测量仪	量程:DC:2000A,1000V;AC:2000A,750V;R:4000Ω	3.98	2.23	0.59	1.06	0.11
870613045	钳形交流表	量程:1000V,2000A,40MΩ	4.14	2.32	0.61	1.10	0.11
870613049	便携式电导率表	量程:0～2000μs/cm	7.01	3.97	1.05	1.88	0.11
870613053	绝缘油试验仪	量程:20～80kV,精度:±2%,升压速率测量误差小于0.5%,时间读数分辨率39μs,最高击穿电压设置:80kV	175.08	133.25	14.90	26.82	0.11
870613060	电压电流表(各种量程)		17.34	11.32	2.11	3.80	0.11
870622	**电阻测量仪器**						
870622001	电桥(超高频导纳)	量程:1～100MHz,0～100ms	8.17	4.64	1.22	2.20	0.11
870622005	电桥(导纳)	量程:300kHz～1.5MHz,0.1μs～100ms	11.35	6.96	1.53	2.75	0.11
870622009	电桥(高频阻抗)	量程:60kHz～30MHz,0.5～32Ω	10.07	6.03	1.40	2.53	0.11
870622013	变压比电桥	K=1.02～1111.12	10.71	6.50	1.47	2.64	0.11
870622017	数字电桥	量程:0.0μH～9999H,0～100MΩ,0.0～9999μF	7.62	4.32	1.14	2.05	0.11
870622018	数字电桥	量程:20Hz～1MHz,8600点,精度:±0.05%	58.97	41.76	6.10	10.99	0.11
870622022	电压比测试仪(变比电桥)	三相:0～1000,单相:0～5000	142.49	106.72	12.74	22.92	0.11
870622026	LCR电桥	量程:12Hz～200kHz,精度:±0.05%	27.09	18.47	3.04	5.47	0.11
870622030	智能电桥测试仪	分辨率:0～1999μF,精度:±1.0%,量程:0～1000A,精度:±1.0%	34.20	23.66	3.72	6.70	0.11
870622034	电位差计	量程:1μV～1.911110V,精度:±0.01%	7.23	4.10	1.08	1.94	0.11

编　码	仪器仪表名称	性能规格	台班单价（元）	费用组成（元）			
				折旧费	维护费	校验费	动力费
870622035	电位差计	量程：1μV～4.9999V，0.1μA～19.999mA；精度：±0.05％	5.76	3.25	0.85	1.54	0.11
870622039	钳形接地电阻测试仪	量程：0.1～1200Ω，1mA～30A	12.11	7.52	1.60	2.88	0.11
870622043	单钳口接地电阻测试仪	量程：0.01～4000Ω	8.17	4.64	1.22	2.20	0.11
870622047	回路电阻测试仪	量程：1～1999μΩ，精度：±1％	18.33	12.06	2.20	3.96	0.11
870622051	高精度回路电阻测试仪	量程：0.01～6000μΩ	17.06	11.14	2.08	3.74	0.11
870622055	接地电阻测试仪	量程：0.001Ω～299.9kΩ	53.14	37.50	5.54	9.98	0.11
870622056	接地电阻测试仪	量程：0～4000Ω ，精度：±2％	3.34	1.86	0.49	0.88	0.11
870622060	接地引下线导通电阻测试仪	量程：1～1999mΩ	13.25	8.35	1.71	3.08	0.11
870622064	高压绝缘电阻测试仪	量程：0.05～50Ω，1～100mΩ，1000V	36.74	25.52	3.97	7.14	0.11
870622068	交/直流低电阻测试仪	量程：1μΩ～2MΩ，精度：±0.05％	7.34	4.16	1.09	1.97	0.11
870622072	变压器直流电阻测试仪	量程：1mΩ～4Ω，5A；1mΩ～1Ω，10A	18.33	12.06	2.20	3.96	0.11
870622076	直流电阻测量仪	量程：1mΩ～1.999kΩ	3.41	1.90	0.50	0.90	0.11
870622077	直流电阻测量仪	量程：0.1μΩ～199.99kΩ	17.06	11.14	2.08	3.74	0.11
870622081	等电位连接电阻测试仪	量程：0.1～200Ω，精度；±3％	5.91	3.34	0.88	1.58	0.11
870622085	直流电阻速测仪	量程：0～20kΩ	87.78	63.75	8.54	15.38	0.11
870622089	交流阻抗测试仪	量程：电流：100mA～50A，精度：±0.5％；电压：10～500V，精度：±0.5％	61.51	43.62	6.35	11.43	0.11
870622093	变压器短路阻抗测试仪	量程：电压：25～500V，精度：±0.1％；电流：0.5～50A，精度：±0.1％；阻抗：0～100％，精度：±0.1％ ；功率：15W～10kW，精度：±0.2％	40.55	28.30	4.33	7.80	0.11

编　码	仪器仪表名称	性能规格	台班单价(元)	费用组成(元)			
				折旧费	维护费	校验费	动力费
870622097	断路器动特性综合测试仪	输入电源:AC 220V;输出电压:DC 30～250V;输出电流:≤20.00A;时间:0.1～16000.0ms,精度:0.1%±0.1ms;速度:0.1～20.00m/s,精度:1% ±0.1m/s;行程:0.1～600.0mm,精度:1% ±1mm;合闸电阻:≤7000Ω	156.57	118.18	13.67	24.61	0.11
870622101	变压器绕组变形测试仪	量程:1kHz～2MHz,扫频点:2000,精度±1%	48.93	34.43	5.14	9.25	0.11
870622105	精密标准电阻箱	量程:0.01～111111.11Ω	4.14	2.32	0.61	1.10	0.11
870622109	互感器测试仪	量程:HES-1Bx,3.0 级	27.22	18.56	3.05	5.49	0.11
870622113	导通测试仪	量程:1mΩ～2Ω 精度:±0.2%	15.60	10.07	1.94	3.48	0.11
870622117	水内冷发电机绝缘特性测试仪	量程:40MΩ～10GΩ,精度:±5%	95.35	69.60	9.16	16.48	0.11
870622130	微欧计		6.86	3.88	1.02	1.84	0.11
870628	记录电表、电磁示波器						
870628001	高速信号录波仪	连续:200kS/s,瞬间:2MS/s	42.59	29.69	4.52	8.13	0.25
870628005	电量记录分析仪	量程:电压:−400～400V(多量程),电流:−20～20mA	131.23	97.44	11.98	21.56	0.25
870628009	数据记录仪	8 通道	66.84	47.47	6.83	12.29	0.25
870699	其他电工仪器、仪表						
870699001	调频串联谐振交流耐压试验装置	量程:132kV/A27	110.10	80.73	10.33	18.59	0.45
870699005	调速系统动态测试仪	密度:0～3g/cm³,精度:±0.001%;温度:0～100℃ 精度:±0.5%	102.29	74.70	9.69	17.45	0.45
870699009	变比自动测量仪	$K=1\sim1000$	29.08	19.67	3.20	5.76	0.45
870699013	电能表校验仪	量程:200～2000V·A	60.57	42.69	6.23	11.21	0.45
870699017	三相便携式电能表校验仪	量程:0 ～360W,准确度等级:0.2 级、0.3 级	154.67	116.36	13.52	24.34	0.45

编　码	仪器仪表名称	性能规格	台班单价(元)	费用组成(元)			
				折旧费	维护费	校验费	动力费
870699021	继电器检验仪	功率差动	37.97	26.17	4.05	7.30	0.45
870699022	继电器试验仪	量程:0～450V,0～6A	426.35	362.96	22.48	40.46	0.45
870699026	真空断路器测试仪	量程:10^{-5}～10^{-1}Pa	32.63	22.27	3.54	6.37	0.45
870699027	真空断路器测试仪	量程:10～60kV	78.78	56.54	7.78	14.01	0.45
870699031	电感电容测试仪	电容:2～2000μF,电感:5～500mH	5.04	2.64	0.70	1.25	0.45
870699035	电压电流互感器二次负荷在线测试仪	比差:0.001%～19.99%,角差:0.01′～599′	26.92	18.10	2.99	5.38	0.45
870699039	压降测试仪	量程:比差:0.001%～19.99%,角差:0.01′～599′;分辨率:比差0.001%,角差:0.01′;导纳:1～50.0ms	46.60	32.48	4.88	8.79	0.45
870699043	伏安特性测试仪	量程:0～600V,0～100A	52.95	37.12	5.49	9.89	0.45
870699047	三相多功能钳形相位伏安表	量程及精度:U:45～450V,精度:±0.5%;I:1.5mA～10A,精度:±0.5%;Φ:0～360°,精度:±1.0°;F:45～65Hz,精度:±0.03;P:(220±40)V,精度:±0.5%;PF:(220±40)V,精度:±0.01	17.14	10.95	2.05	3.69	0.45
870699051	全自动变比组别测试仪	K=1～1000,精度:±0.2%	16.76	10.67	2.01	3.63	0.45
870699052	全自动变比组别测试仪	K=1～9999.9	14.86	9.28	1.83	3.30	0.45
870699056	多功能电能表现场校验仪	电能测量:0.1级(内部互感器),0.2级(电流钳);电压:110～400V;内部电流钳10A,外部电流钳30A或100A	25.01	16.70	2.81	5.05	0.45
870699060	电能校验仪	电流:AC:6×(0～12.5)A,3×(0～25)A,1×(0～75)A,DC:±75A;电压:AC:4×(0～300)V,3×(0～300)V,1×(0～600)V,DC:4×(0～±300)V	31.36	21.34	3.42	6.15	0.45

编　码	仪器仪表名称	性能规格	台班单价（元）	费用组成（元）			
				折旧费	维护费	校验费	动力费
870699064	2000A 大电流发生器	量程：输出电流：串联 2000A，并联 4000A，精度：±0.5%	28.20	19.03	3.11	5.61	0.45
870699068	相位表	量程：电压：20～500V，精度：±1.2%；电流：200mA～10A，精度：±1%；相位：0～360°，精度：±0.03%	9.27	5.20	1.29	2.33	0.45
870699072	相序表	量程：70～1000VAC，频率：45～66Hz	3.68	1.86	0.49	0.88	0.45
870699076	微机继电保护测试仪	量程：0.1ms ～9999s ，精度：0.1ms	68.41	48.53	6.94	12.49	0.45
870699080	继电保护检验仪	量程：AC：0～20A，0～120V，DC：0～20A，0～300V（三相）	215.27	167.03	17.07	30.73	0.45
870699084	继电保护装置试验仪	量程：相电压：3×（0～65）V，线电压：3×（0～112）V，精度：±0.5%；电流：三相 30A，三相并联 60A，精度：±0.5%	49.14	34.33	5.13	9.23	0.45
870699088	交直流高压分压器（100kV）	量程：分压器阻抗：1200 MΩ ；电压等级 AC：100kV，DC：100kV；精度：AC：±1.0%，DC：±0.5%，分压比：1000：1	23.49	15.59	2.66	4.79	0.45
870699092	YDQ 充气式试验变压器	量程：1～500kV·A，空载电流：<7%，阻抗电压：<8%	52.23	36.59	5.42	9.76	0.45
870699096	高压试验变压器配套操作箱、调压器	TEDGC-50/0.38/0～0.42	36.44	25.05	3.91	7.03	0.45
870699100	发电机转子交流阻抗测试仪	量程：阻抗：0～999.999Ω，电压：10～500V，电流：100mA～50A，	45.96	32.01	4.82	8.68	0.45
870699104	发电机定子端部绝缘监测杆	量程：DC：0～20kV ，0～1000μA，精度：1.0 级，阻抗：100MΩ	117.57	86.50	10.94	19.69	0.45
870699108	工频线路参数测试仪	量程：0～750V ，0～100A，精度：±0.5%	50.41	35.26	5.25	9.45	0.45
870699112	电路分析仪	量程：相电压：85～265V AC，精度：±1%，频率：45～65Hz，精度：±1%，电压降：0.1%～99%，线阻抗 3Ω	68.55	48.64	6.95	12.51	0.45

编　码	仪器仪表名称	性能规格	台班单价(元)	费用组成(元)			
				折旧费	维护费	校验费	动力费
870699116	电力谐波测试仪	量程：功率：0～600kW，峰值：0～2000kW； 电流：1～1000mA(AC+DC)； 电压：5～600V（AC+DC）；谐波：基波：31 次谐波	23.11	15.31	2.63	4.73	0.45
870699120	调谐试验装置	XSB-720/60	229.39	179.10	17.80	32.04	0.45
870699124	最佳阻容调节器 RCK	500kV：隔直工频阻抗：0.05Ω，耐受持续的250ms 冲击电流：25kA；耐受 4s 电流冲击 25kA；220kV：隔直工频阻抗 0.096Ω，耐受持续的250ms 冲击电流 15kA，耐受 4s 电流冲击 9.5kA	232.21	181.51	17.95	32.30	0.45
870699128	线路参数测试仪	量程：电容：0.1～30μF，分辨率：0.01μF；阻抗：0.1～400Ω，分辨率：0.01Ω；阻抗角：0.1°～360°，分辨率：0.01°	172.49	130.87	14.71	26.47	0.45
870699132	综合测试仪	开路电压：(200～5500)V±10%，50Ω 负载时波形：100～2750V， 单个脉冲上升时间 T_r：5ns ± 30%， 单个脉冲持续时间 T_d：50ns ±30%，1000Ω， 负载时波形：200～5500V， 单个脉冲上升时间 T_r：5ns ± 30%， 单个脉冲持续时间 T_d：35～50ns， 阻抗：Z_q = 50Ω ± 20%	387.02	325.02	21.98	39.57	0.45
870699136	现场测试仪	综合测试	47.95	33.46	5.01	9.02	0.45
870699140	多倍频感应耐压试验器	量程：10kVA	36.44	25.05	3.91	7.03	0.45
870699144	高压核相仪	量程：0～10kV	17.51	11.22	2.09	3.76	0.45
870699148	高压开关特性测试仪	量程：0～999.9ms	49.07	34.28	5.12	9.22	0.45
870699152	高压试验成套装置	量程：0～200kV AC	702.25	629.05	25.98	46.77	0.45
870699156	自动介损测试仪	量程：0.1%< tanδ<50%，3pF<Cx<60000pF。10kV 时，Cx ≤30000pF；5kV 时，Cx ≤60000pF	47.96	33.47	5.01	9.03	0.45
870699160	多功能信号校验仪	测量：输出和模拟 mA、mV、V、欧姆、频率和多种 RTD、T/C 信号	122.30	90.15	11.32	20.38	0.45

编码	仪器仪表名称	性能规格	台班单价(元)	费用组成(元)			
				折旧费	维护费	校验费	动力费
870699164	TPFRC 电容分压器交直流高压测量系统	量程:AC/DC 0～300kV(选择购买),分压比:$K=1000$,精度:±0.5%	112.26	82.40	10.51	18.91	0.45
870699168	变压器特性综合测试台	量程:10～1600kV·A,精度:0.2 级,输出电压:0～430V(可调)	109.74	80.45	10.30	18.54	0.45
870699172	振动动态信号采集分析系统	范围:16,32,48,64 点的测量系统	75.66	54.13	7.53	13.55	0.45
870699176	保护故障子站模拟系统	子站信息采集	92.85	67.41	8.93	16.07	0.45
870699180	绝缘耐压测试仪	量程:0～500V	7.05	3.80	1.00	1.80	0.45
870699184	静电测试仪	低量程:±1.49kV,高量程:±1～20kV	6.33	3.39	0.89	1.60	0.45
870699188	三相精密测试电源	量程:100V,220V,380V	121.49	89.53	11.26	20.26	0.45
870699192	关口计量表测试专用车	关口计量表测试专用车	673.58	568.08	25.18	45.32	35.00
870699205	变送器检验装置		30.59	20.81	3.33	6.00	0.45
870699207	电流电压互感升流器 HJ－12E		23.07	15.28	2.62	4.72	0.45
870699210	高精度多功能电功率采集仪		48.62	33.93	5.08	9.15	0.45
870699212	旋转移相器 TXSGA－1/0.5		7.71	4.18	1.10	1.98	0.45
870699215	交流试验变压器		21.09	13.94	2.39	4.30	0.45
870699218	自耦调压器 TDJC－S－1		17.08	10.91	2.04	3.68	0.45
870699220	相位电压测试仪		7.61	4.32	1.14	2.04	0.11
870699222	电磁式互感器		69.23	62.31	6.92		

87—11.光学仪器

87－11.光学仪器

编　码	仪器仪表名称	性能规格	台班单价(元)	费用组成(元)			
				折旧费	维护费	校验费	动力费
871113	大地测量仪器						
871113001	经纬仪	最短视距:0.2m,放大倍数:32x	70.48	49.80	7.26	13.08	0.34
871113005	电子经纬仪	最小视距 1.4m,放大倍数 3x 调焦,量程 0.5m～∞,视场角:5°	10.94	6.50	1.47	2.64	0.34
871113009	光学经纬仪	水平方向标准偏差≤±0.8″,垂直方向标准偏差≤±6″,视场角 1°30′,最短视距 2m	17.92	11.60	2.14	3.85	0.34
871113013	电子水准仪	观测精度:±0.3mm,最小显示:0.01mm/5′,安平精度:±0.2%	56.57	39.90	5.83	10.50	0.34
871113014	电子水准仪	量程:1 .5～100m,精度:± 0.3%	123.21	90.94	11.40	20.53	0.34
871113018	激光测距仪	量程:4～1000m,精度:±1%	14.11	8.82	1.77	3.19	0.34
871113019	激光测距仪	量程:100～25000m,精度:±6%	318.63	259.83	20.88	37.58	0.34
871113023	手持式激光测距仪	量程:0.2～200m,精度:±1.5%	17.03	10.95	2.05	3.69	0.34
871119	物理光学仪器						
871119001	固定式看谱镜	量程:390～700nm ,分辨率:0.05～0.11nm	22.37	14.85	2.56	4.62	0.34
871119005	原子吸收分光光度计	波长:190～900nm	94.37	68.67	9.06	16.31	0.34
871119009	可见分光光度计	波长:340～900nm	107.59	78.88	10.13	18.24	0.34
871119013	红外光谱仪	光谱范围:4000～400cm－1nm,分辨率:1.5cm－1	146.13	109.50	12.96	23.33	0.34
871119017	光谱分析仪	量程:600～1750nm	427.57	364.24	22.50	40.49	0.34
871119021	偏振模色散分析仪	波长:1500～1600nm,色散系数:0.1～75ps	618.15	548.05	24.92	44.85	0.34
871119025	光源	波长:1310/1550nm,功率:－7dBm	5.49	2.97	0.78	1.41	0.34

编　码	仪器仪表名称	性能规格	台班单价（元）	费用组成（元）			
				折旧费	维护费	校验费	动力费
871119029	高稳定度光源	波长:1310/1550nm	34.96	24.05	3.78	6.80	0.34
871119033	可调激光源	波长:1500～1580nm	395.05	332.88	22.08	39.75	0.34
871119037	紫外线灯	波长:365nm,紫外线 3500～90000μW/cm^2	19.81	12.77	2.39	4.31	0.34
871119041	专业级照度计	量程:0.01～999900lx,分辨率:0.01lx,精度:±3%	4.47	2.38	0.63	1.13	0.34
871119045	彩色亮度计	色温:1500～25000K;亮度:0.01～32000000cd/m^2,精度:±3%	42.03	29.01	4.53	8.15	0.34
871119049	成像亮度计	亮度:0.01cd/m^2～15kcd/m^2,精度:±5%	78.93	56.08	8.04	14.47	0.34
871119053	数字照度计	量程:0.1～19990lx,精度:±5%	17.16	10.84	2.14	3.85	0.34
871119057	色度计	量程:380 ～ 780nm,精度:±0.3nm	175.75	132.08	15.48	27.86	0.34
871122	**光学测试仪器**						
871122001	光纤测试仪	860±20nm	255.33	202.06	18.89	34.00	0.39
871122002	光纤测试仪	量程:−70～3dBm	33.85	23.20	3.66	6.59	0.39
871122006	智能型光导抗干扰介损测量仪	介损:0～50%,分辨率 0.0001,电容:C_x≤60000pF,分辨率 0.1pF	37.20	25.44	4.06	7.31	0.39
871122010	手持光损耗测试仪	波长:850～1650nm	10.35	6.03	1.40	2.53	0.39
871122011	手持光损耗测试仪	波长:0.85/1.3/1.55nm	5.22	2.78	0.73	1.32	0.39
871122015	光纤接口试验设备	传输速率:10/100,传输距离:2km,接口:RJ−45,ST	6.16	3.32	0.87	1.57	0.39
871122019	光时域反射计	波长:850/1300/1310/1550nm,动态量程:22dB(mm),26dB(sm)	17.34	11.14	2.08	3.74	0.39
871122020	光时域反射计	波长:1310/1550nm,动态量程:34/32dB	22.42	14.85	2.56	4.62	0.39

编　码	仪器仪表名称	性能规格	台班单价（元）	费用组成（元）			
				折旧费	维护费	校验费	动力费
871122021	光时域反射仪	波长：1310/1490/150/1625nm±20nm	101.64	74.24	9.65	17.36	0.39
871122022	光时域反射计	动态量程：45dB，最小测试距离：0.8m	40.20	27.84	4.27	7.69	0.39
871122026	光纤熔接机	单模、多模	107.65	78.88	10.13	18.24	0.39
871122030	光功率计	量程：－75～25dBm，波长：750～1700nm	55.80	39.24	5.77	10.39	0.39
871122034	光衰减器	最大衰减 65dB	55.55	39.06	5.75	10.35	0.39
871122038	可编程光衰减器	0～60dB	86.75	62.74	8.44	15.18	0.39
871122042	DWDM 系统分析仪	波长：1450～1650nm，通道数：256	245.80	193.53	18.53	33.35	0.39
871122046	光纤寻障仪	量程：60km	24.96	16.70	2.81	5.05	0.39
871122050	手提式光纤多用表	量程：－70～0dB	15.61	9.87	1.91	3.44	0.39
871134	**红外仪器**						
871134001	红外热像仪	量程：－20～1200℃，bx：－20～ 650℃	245.00	193.02	18.51	33.31	0.17
871134002	红外热像仪	量程：－40～650℃，高温选项达 2000℃	374.95	313.65	21.83	39.30	0.17
871134006	红外成像仪	640×480 像素	639.54	568.84	25.19	45.34	0.17
871137	**激光仪器**						
871137001	激光轴对中仪	最大穿透：50mm（A3 钢）	93.77	67.36	9.35	16.84	0.22

87—16.分析仪器

87—16.分析仪器

编　码	仪器仪表名称	性能规格	台班单价(元)	费用组成(元)			
				折旧费	维护费	校验费	动力费
871610	**电化学分析仪器**						
871610001	PH 测试仪	量程:0.00～14.00,分辨率:0.01,精度:±0.01	6.93	3.86	1.02	1.83	0.22
871610009	台式 PH/ISE 测试仪	分辨率:−2.000～19.999 ISE; 量程:0～19900,分辨率:1,精度:±0.05%	49.33	34.43	5.24	9.44	0.22
871625	**色谱仪**						
871625001	便携式电力变压器油色谱分析仪	升温速度:1～10℃/s ,灵敏度:5×10^{-11}g/s, 线性量程:106 ,敏感度:$S\geqslant3000$mV.ml/mg, 噪声:≤20μV, 漂移:≤50μV/min	298.88	235.03	22.00	39.61	2.24
871625005	油色谱分析仪	检测限: $M_t\leqslant8\times10$～12g/s, 噪声:≤5×10～14A, 漂移:≤1×10～13A/30min, 灵敏度: $S\geqslant3000$mV · mL/mg,噪声:≤20μV, 漂移:≤30μV/min	194.94	146.15	16.62	29.92	2.24
871625009	离子色谱仪	物理分辨率:0.0047ns/cm	214.89	162.39	17.95	32.31	2.24
871631	**物理特性分析仪器及校准仪器**						
871631001	精密数字温湿度计	储存温度:−30～70℃,操作温度:−20～50℃	44.55	30.75	4.76	8.56	0.48
871631005	毛发高清湿度计	温度量程 :−25～40℃,湿度量程 :30%～100%RH	4.61	2.38	0.63	1.13	0.48
871631009	浊度仪	量程:0～500	14.32	8.66	1.85	3.33	0.48
871631013	可拆式烟尘采样枪	量程:0.8～3m	38.91	26.63	4.22	7.59	0.48
871634	**环境监测专用仪器及综合分析装置**						

编　码	仪器仪表名称	性能规格	台班单价(元)	费用组成(元)			
				折旧费	维护费	校验费	动力费
871634001	多功能环境检测仪	声级:30～130dB,照度:0～2000lx, 风速:0.5～20m/s,风量:0～999900ppm	4.24	2.17	0.57	1.03	0.48
871634009	便捷式污染检测仪	5～150μm 颗粒污染	24.69	16.24	2.85	5.13	0.48
871634025	χ—γ 辐射剂测量仪	量程:(1～10000)×10^{-8} Gy/h	7.25	3.90	1.03	1.85	0.48
871634033	粒子计数器	粒径通道:0.3,0.5,1.0,2.0,5.0,10.0μm, 流量:0.1CFM	84.93	60.61	8.52	15.33	0.48
871634041	微电脑激光粉尘仪	量程:0.01～100mg,重复性:±2%,精度:±10%	39.21	26.85	4.24	7.64	0.48
871634049	激光尘埃粒子计数器	通道 1:0.3μm, 通道 2:0.5,1,3,5μm	31.81	21.44	3.53	6.36	0.48
871634057	尘埃粒子计数器	量程:0.3～5.0μm	54.03	37.68	5.67	10.21	0.48
871634065	粉尘快速测试仪	流量:5～80L/min	28.40	18.95	3.20	5.77	0.48
871634073	便携式烟气预处理器	量程:0～120℃	31.51	21.22	3.50	6.31	0.48
871634081	烟尘测试仪	量程:5～80L/min	38.91	26.63	4.22	7.59	0.48
871634089	四合一粒子计数器	粒径通道:0.3,0.5,1.0,2.5,5.0,10μm,空气温度 量程:0～50℃,精度: ±0.5℃, 量程:0.01～5.00ppm,精度:±5%± 0.01ppm, CO 量程:0 ～1000ppm,精度:±5% ± 10ppm	17.26	10.81	2.13	3.84	0.48
871634097	便携式污染检测仪	精确目测 5～150μm 颗粒污染	24.69	16.24	2.85	5.13	0.48
871634105	便携式精密露点仪	精度:±0.5% ,0.3kW	87.76	62.79	8.75	15.74	0.48
871634113	噪声分析仪	量程:25～130dB	16.84	10.50	2.09	3.77	0.48
871634121	精密噪声分析仪	量程:28～138dB,频率:20Hz～8kHz	73.59	51.97	7.55	13.59	0.48
871634129	噪声计	量程:30～130dB,分辨率:0.1dB,精度:±1.5%, 频率:31.5～8kHz	9.05	4.94	1.30	2.34	0.48
871634137	噪声系数测试仪	量程:10MHz～18GHz	54.32	37.89	5.70	10.26	0.48

编　码	仪器仪表名称	性能规格	台班单价（元）	费用组成（元）			
				折旧费	维护费	校验费	动力费
871634145	噪声测试仪	量程：0～30dB，频率：10MHz～26.5GHz	53.58	37.35	5.63	10.13	0.48
871634153	数字杂音计	频率：30Hz～20kHz，电平：－100～20dB	11.95	6.93	1.62	2.92	0.48
871634161	2 通道建筑声学测量仪	建筑物内两室之间空气隔声现场测量、外墙构件和外墙面空气隔声测量、楼板撞击声隔声测量、室内混响时间测量和平均声压测量	127.01	93.11	11.94	21.49	0.48
871634169	总有机碳分析仪	50g/L	29.88	20.03	3.35	6.03	0.48
871634177	余氯分析仪	量程：0～2.5mg/L	9.51	5.20	1.37	2.46	0.48
871634185	氧量分析仪	气体流量：200mL/min	21.44	13.86	2.54	4.56	0.48
871634193	旋转腐蚀挂片试验仪	72.4×11.5×2	23.21	15.16	2.71	4.87	0.48
871634201	煤粉气流筛	气流量：$360m^3/h$	85.23	60.84	8.54	15.37	0.48
871634209	BOD 测试仪	量程：0.00～90.0mg/L，0.0～600%，分辨率：0.1/0.01mg/L，1/0.1%	43.66	30.10	4.67	8.41	0.48
871637	**校准仪**						
871637001	多功能校准仪	直流电压：－10.00mV～30.00V，精度：0.02%；直流电流：24.00mA，精度：0.02%；频率：1.00Hz～10kHz，频率精度：0.05%	33.68	23.02	3.74	6.73	0.18
871640	**校验仪**						
871640001	过程校验仪	电压：0～30V，电流：0～24mA，频率：1～10000Hz，电阻：0～3200Ω	51.77	36.24	5.48	9.87	0.18
871640009	高精度多功能过程校验仪	电压：0～250V，精度：±0.015%；电流：4～20mA，精度：±0.015%；电阻：0～4000Ω，精度：±0.01%；频率：1～10kHz，精度：±0.05%；脉冲：2CPM～10kHz，精度：±0.05%	153.73	114.28	14.02	25.24	0.18
871640017	回路校验仪	量程（DC）：24V，精度：±10%	92.08	66.36	9.12	16.42	0.18
871640025	多功能校验仪	－0.1～70MPa	234.25	180.71	19.06	34.30	0.18
871699	**其他分析仪器**						
871699001	过程回路排障表	量程：4～20mA	14.19	8.76	1.86	3.36	0.21
871699010	电子天平（0.0001mg）		16.14	10.22	2.04	3.67	0.21

87—21.试验机

87－21.试验机

编码	仪器仪表名称	性能规格	台班单价(元)	费用组成(元)			
				折旧费	维护费	校验费	动力费
872119	**测力仪**						
872119001	标准测力仪	量程:30kN	10.70	6.28	1.54	2.77	0.11
872119002	标准测力仪	量程:300kN	13.81	8.55	1.84	3.31	0.11
872128	**探伤仪器**						
872128001	探伤机	最大穿透力:29mm	28.83	19.49	3.28	5.90	0.17
872128002	探伤仪	退磁效果:≤0.2mT	11.06	6.50	1.57	2.82	0.17
872128010	磁粉探伤仪	最佳气隙:0.5～1mm	14.01	8.66	1.85	3.33	0.17
872128011	磁粉探伤仪	最大穿透:39mm(A3 钢)	55.49	38.97	5.84	10.51	0.17
872128019	X 射线探伤机	最大穿透力:75mm	90.26	64.96	8.97	16.15	0.17
872128020	X 射线探伤机	穿透厚度:4～40mm	116.89	85.53	11.14	20.05	0.17
872128028	超声波探伤仪	扫描量程:0～4500mm,频率:0.5～10MHz	143.52	106.10	13.30	23.95	0.17
872128029	超声波探伤仪	扫描量程:0.0～10000mm,声速量程:1000～15000m/s,脉冲移位:－20～3000μs	89.97	64.74	8.95	16.11	0.17
872128030	超声波探伤仪	量程:*DN*15～*DN*100mm,流体温度≤110℃	22.91	15.16	2.71	4.87	0.17
872128038	彩屏超声波探伤仪	扫描量程:0.5～4000mm,频率量程:0.4～20MHz	43.64	30.31	4.70	8.46	0.17
872128046	γ 射线探伤仪(Ir192)	透照厚度:10～80mm(Fe),300mm(混凝土)	5.78	3.23	0.85	1.53	0.17
872131	**防腐蚀检测仪**						
872131001	防腐蚀检测仪	量程 :0～5000μm	6.75	3.79	1.00	1.79	0.17
872134	**扭矩测试仪**						
872134001	动态扭矩测试仪	量程:1～500N·m	62.77	43.58	6.79	12.23	0.17

87—31.电子和通信测量仪器仪表

87—31.电子和通信测量仪器仪表

编　码	仪器仪表名称	性能规格	台班单价（元）	费用组成（元）			
				折旧费	维护费	校验费	动力费
873110	信号发生器						
873110001	低频信号发生器	范围:1Hz～1MHz	5.91	3.13	0.82	1.48	0.48
873110003	标准信号发生器	范围:0.05～1040MHz	6.82	3.65	0.96	1.73	0.48
873110004	标准信号发生器	范围:1～2GHz,输出:≥10mV	9.75	5.68	1.28	2.31	0.48
873110005	标准信号发生器	范围:2～4GHz,输出:≥100mV	8.31	4.63	1.14	2.06	0.48
873110006	标准信号发生器	范围:4～7.5GHz,输出:5mW	9.58	5.56	1.27	2.28	0.48
873110007	标准信号发生器	范围:8.2～10GHz,输出:≥1mW	13.19	8.20	1.61	2.90	0.48
873110008	标准信号发生器	范围:12.4～18GHz,输出:5mV	10.74	6.41	1.38	2.48	0.48
873110010	微波信号发生器	范围:0.8～2.4GHz	6.54	3.49	0.92	1.65	0.48
873110011	微波信号发生器	范围:2～4GHz,输出:≥15mV	12.75	7.88	1.57	2.83	0.48
873110012	微波信号发生器	范围:3.8～8.2GHz,输出:5mV	16.42	10.56	1.92	3.46	0.48
873110014	扫频信号发生器	范围:450～950MHz	11.63	7.06	1.46	2.63	0.48
873110015	扫频信号发生器	范围:0.01～1GHz	19.20	12.59	2.19	3.94	0.48
873110016	扫频信号发生器	范围:2～8GHz	60.68	43.03	6.13	11.04	0.48
873110017	扫频信号发生器	范围:8～12.4GHz	54.75	38.57	5.61	10.10	0.48
873110018	扫频信号发生器	范围:10～18.62GHz	60.68	43.03	6.13	11.04	0.48
873110019	扫频信号发生器	范围:26.5～40GHz	119.06	88.50	10.75	19.34	0.48

编　码	仪器仪表名称	性能规格	台班单价（元）	费用组成（元）			
				折旧费	维护费	校验费	动力费
873110020	扫频信号发生器	范围:10MHz～20GHz	195.53	152.21	15.30	27.54	0.48
873110022	合成扫频信号源	范围:0.01～40GHz	338.51	284.19	19.23	34.62	0.48
873110023	合成信号发生器	范围:0.1～3200MHz	18.08	11.77	2.08	3.75	0.48
873110025	频率合成信号发生器	范围:2～18MHz	207.90	162.80	15.94	28.68	0.48
873110026	频率合成信号发生器	范围:100kHz～1050MHz	80.13	58.06	7.71	13.88	0.48
873110028	脉冲信号发生器	范围:0～125MHz	56.24	39.66	5.75	10.35	0.48
873110029	脉冲信号发生器	范围:10kHz～200MHz	24.19	16.24	2.67	4.81	0.48
873110030	脉冲码型发生器	范围:0～660MHz	178.83	137.93	14.44	25.99	0.48
873110032	双脉冲信号发生器	范围:100Hz～10MHz	6.12	3.25	0.85	1.54	0.48
873110033	双脉冲信号发生器	范围:3kHz～100MHz	24.19	16.24	2.67	4.81	0.48
873110035	函数信号发生器	范围:0.01Hz～20MHz	4.00	2.03	0.53	0.96	0.48
873110037	噪声信号发生器	范围:10MHz～20GHz	3.29	1.62	0.43	0.77	0.48
873110039	标准噪声发生器	范围:18～26.5GHz	8.98	5.12	1.21	2.17	0.48
873110040	标准噪声发生器	范围:26.5～40GHz	9.47	5.48	1.26	2.26	0.48
873110041	标准噪声发生器	范围:40～60GHz	11.08	6.66	1.41	2.54	0.48
873110043	电视信号发生器	PAL/NTSC/SECAM 全制式	4.14	2.11	0.56	1.00	0.48
873110044	电视信号发生器	14 种图像内外伴音	8.09	4.47	1.12	2.02	0.48
873110045	电视信号发生器	16 种图像	11.41	6.90	1.44	2.60	0.48

编码	仪器仪表名称	性能规格	台班单价（元）	费用组成（元）			
				折旧费	维护费	校验费	动力费
873110046	电视信号发生器	彩色副载波：4.433619MHz±10Hz	35.42	24.44	3.75	6.75	0.48
873110048	卫星电视信号发生器	范围：37～865MHz	17.53	11.37	2.03	3.65	0.48
873110050	任意波形发生器	范围：0～15MHz	21.22	14.07	2.39	4.29	0.48
873110052	音频信号发生器	范围：50Hz～20kHz	3.96	2.01	0.53	0.95	0.48
873110054	工频信号发生器	范围：10MHz、25MHz、100MHz 或 240MHz 正弦波形 14 位，250MS/s、1GS/s 或 2GS/s 任意波形高达 20Vpp 的幅度，50Ω 负荷	51.97	36.54	5.34	9.62	0.48
873110056	振荡器	范围：频率 40～500kHz，稳定度：$\pm 3\times 10^{-6}$；阻抗 40Ω～4kΩ，误差±5%；电感 0.2～2mH，误差：±5%；回波损耗：0～14dB，误差：±0.5dB	16.59	10.68	1.94	3.49	0.48
873112	电源						
873112001	直流电源	输出：8V/3A，15V/2A	7.80	3.14	0.83	1.49	2.35
873112005	直流稳压电源	输出：0～32V，0～10A，双路数显	10.67	4.83	1.25	2.24	2.35
873112006	直流稳压电源	输出：0～30V，0～30A，单路，双表头数显	14.98	7.98	1.66	2.99	2.35
873112007	直流稳压电源	输出：0～120V，0～10A，单路，双表头数显	17.39	9.74	1.89	3.41	2.35
873112011	直流稳压稳流电源	输出：60～600V，0～5A	8.48	3.53	0.93	1.67	2.35
873112012	直流稳压稳流电源	输出：6～60V，0～30A	6.54	2.41	0.63	1.14	2.35
873112016	三路直流电源	输出：6V/2.5A，20V/0.5A，－20V/0.5A	9.79	4.28	1.13	2.03	2.35
873112020	双输出直流电源	输出：25V/1A	9.79	4.28	1.13	2.03	2.35
873112024	直流高压发生器	输出：电压 300kV，电流：5mA，	100.96	72.20	9.43	16.98	2.35
873112028	交直流可调试验电源	电流：5A	14.72	7.79	1.64	2.94	2.35

编　码	仪器仪表名称	性能规格	台班单价（元）	费用组成（元）			
				折旧费	维护费	校验费	动力费
873112032	交流稳压电源	高精度净化式 1kV·A,可调	8.48	3.53	0.93	1.67	2.35
873112033	交流稳压电源	高精度净化式 2kV·A	10.25	4.55	1.20	2.15	2.35
873112034	交流稳压电源	高精度净化式 3kV·A	11.42	5.38	1.32	2.37	2.35
873112035	交流稳压电源	高精度净化式 5kV·A,可调	14.24	7.44	1.59	2.86	2.35
873112036	交流稳压电源	高精度净化式 10kV·A	17.14	9.56	1.87	3.36	2.35
873112040	交流高压发生器	容量:50kV·A	56.86	38.58	5.69	10.24	2.35
873112044	三相交流稳压电源	容量:3kV·A	6.06	2.13	0.56	1.01	2.35
873112045	三相交流稳压电源	容量:6kV·A	7.03	2.69	0.71	1.28	2.35
873112046	三相交流稳压电源	容量:10kV·A	7.58	3.01	0.79	1.42	2.35
873112047	三相交流稳压电源	容量:15kV·A	8.59	3.59	0.95	1.70	2.35
873112048	三相交流稳压电源	容量:20kV·A	11.66	5.55	1.34	2.41	2.35
873112049	三相交流稳压电源	容量:30kV·A	13.35	6.79	1.50	2.71	2.35
873112053	三相交直流测试电源	输出:0～600V,0～25A	35.81	23.20	3.66	6.59	2.35
873112057	三相精密测试电源	电压:100V,220V,380V	61.97	42.32	6.18	11.12	2.35
873112061	精密交直流稳压电源	量程:650V,20A,精度:±0.1%	67.56	46.40	6.72	12.09	2.35
873112065	晶体管直流稳压电源	电流:40A,负载调整率:0.5%	8.76	3.69	0.97	1.75	2.35
873112069	净化交流稳压源	输出:220V,3kW	5.95	2.07	0.54	0.98	2.35
873112073	不间断电源	输出:3kV·A	22.48	13.46	2.38	4.29	2.35

编　码	仪器仪表名称	性能规格	台班单价(元)	费用组成(元)			
				折旧费	维护费	校验费	动力费
873112074	不间断电源	在线式	6.06	2.13	0.56	1.01	2.35
873112078	便携式试验电源	电流:5A	8.29	3.42	0.90	1.62	2.35
873114	**数字仪表及装置**						
873114001	数字电压表	量程:20mV～1000V,灵敏度:1μV	6.04	3.41	0.90	1.62	0.12
873114002	数字电压表	量程:10μV～1000V	5.76	3.25	0.85	1.54	0.12
873122	**功率计**						
873122001	小功率计	量程:1μW～300mW,频率:50MHz～12.4GHz	7.86	4.55	1.13	2.04	0.14
873122005	中功率计	量程:0.1～10W,频率:0～12.4GHz	6.48	3.65	0.96	1.73	0.14
873122006	中功率计	量程:0～100W,频率:0～1GHz	4.09	2.27	0.60	1.08	0.14
873122007	中功率计	量程:100mW～25W,频率:10kHz～50GHz	44.93	31.64	4.70	8.46	0.14
873122011	大功率计	量程:1～200kW,频率:80～600MHz	10.75	6.66	1.41	2.54	0.14
873122012	大功率计	量程:10kW,频率:100～4000MHz	18.30	12.18	2.14	3.85	0.14
873122013	大功率计	量程:50W～10kW,频率:7～22.5GHz	26.08	17.86	2.88	5.19	0.14
873122014	大功率计	量程:30kW,频率:1.14～1.73GHz	87.47	63.98	8.34	15.01	0.14
873122015	大功率计	量程:30μW～100W,频率:0.01～4.5GHz	6.34	3.57	0.94	1.69	0.14
873122016	大功率计	量程:5～2000W,频率:2.6～3.95GHz	14.25	9.22	1.75	3.14	0.14
873122020	功率计	量程:－60～20dBm,频率:90kHz～6GHz	100.84	74.31	9.43	16.97	0.14
873122024	定向功率计	量程:0.1～100W,频率:25～1000MHz	6.91	3.90	1.03	1.85	0.14

编　码	仪器仪表名称	性能规格	台班单价（元）	费用组成（元）			
				折旧费	维护费	校验费	动力费
873122028	同轴大功率计	量程：15～500W，频率：1～3GHz	12.19	7.71	1.55	2.79	0.14
873122032	微波功率计	量程：－30～20dBm，频率：100kHz～140GHz	52.75	37.35	5.45	9.81	0.14
873122036	微波大功率计	量程：250W～250kW，波长：3～10cm	15.91	10.43	1.91	3.43	0.14
873122040	通过式功率计	量程：0.1～1000W，频率：450kHz～2.3GHz	6.41	3.61	0.95	1.71	0.14
873122041	通过式功率计	脉冲功率：－10～20dBm，频率：10MHz～18GHz	23.86	16.24	2.67	4.81	0.14
873122042	通过式功率计	功率：1～1000W，频率：2～3600MHz	71.59	51.72	7.05	12.68	0.14
873122046	高频功率计	量程：0.1W～5kW，频率：2～1300MHz	4.93	2.76	0.73	1.31	0.14
873122050	超高频大功率计	量程：5～500W，频率：2.5～37GHz	5.92	3.33	0.88	1.58	0.14
873124	**电阻器、电容器参数测量仪**						
873124001	电容耦合测试仪	频率：80～1000Hz	37.41	25.98	3.95	7.12	0.36
873127	**蓄电池参数测试仪**						
873127001	蓄电池组负载测试仪	电流：50A	35.28	24.36	3.74	6.73	0.45
873127009	蓄电池内阻测试仪	容量：0～6000A·h	33.06	22.74	3.53	6.35	0.45
873127017	蓄电池放电仪	电压：48～380V	41.72	29.07	4.36	7.85	0.45
873127025	蓄电池特性容量检测仪	电阻：0～100mΩ，电压：0～220V	40.52	28.19	4.24	7.64	0.45
873134	**其他电子器件参数测试仪**						
873134001	交直流耐压测试仪	精度：±3%	6.20	3.25	0.85	1.54	0.56
873136	**时间及频率测量仪器**						

编　码	仪器仪表名称	性能规格	台班单价（元）	费用组成（元）			
				折旧费	维护费	校验费	动力费
873136001	数字频率计	量程：10Hz～1000MHz	18.55	12.26	2.15	3.87	0.28
873136002	数字频率计	量程：20Hz～30MHz	7.89	4.47	1.12	2.02	0.28
873136003	数字频率计	量程：10Hz～18GHz	77.31	56.03	7.50	13.50	0.28
873136007	频率计数器	量程：0～1300MHz	8.12	4.64	1.14	2.06	0.28
873136008	频率计数器	量程：0.01Hz～2.5GHz	3.10	1.62	0.43	0.77	0.28
873136012	波导直读式频率计	量程：8.2～12.4GHz	4.52	2.44	0.64	1.15	0.28
873136013	波导直读式频率计	量程：12.4～18GHz	4.79	2.60	0.68	1.23	0.28
873136014	波导直读式频率计	量程：18～26.5GHz	5.21	2.84	0.75	1.35	0.28
873136018	计时/计频器/校准器	量程：0～4.2GHz	155.86	118.61	13.20	23.76	0.28
873136022	选频电平表	量程：20Hz～20kHz	5.71	3.13	0.82	1.48	0.28
873136026	选频仪	量程：1700，2000，2300，2600kHz	88.01	63.02	8.83	15.89	0.28
873136030	扫频仪	量程：20Hz～20kHz	3.10	1.62	0.43	0.77	0.28
873136031	扫频仪	量程：300MHz	4.37	2.35	0.62	1.12	0.28
873136035	宽带扫频仪	量程：1～1000MHz(50Ω)，5～1000MHz(75Ω)	10.11	6.09	1.34	2.40	0.28
873136036	宽带扫频仪	量程：1000MHz	11.78	7.31	1.50	2.69	0.28
873136040	扫频图示仪	量程：0.5～1500MHz	5.21	2.84	0.75	1.35	0.28
873136044	低频率特性测试仪	量程：20Hz～2MHz	6.20	3.41	0.90	1.62	0.28
873136048	数字式高频扫频仪	量程：0.1～30MHz	11.33	6.98	1.45	2.62	0.28
873136052	频率特性测试仪	量程：1～650MHz	4.72	2.56	0.67	1.21	0.28

编　码	仪器仪表名称	性能规格	台班单价（元）	费用组成（元）			
				折旧费	维护费	校验费	动力费
873136056	时间间隔测量仪	量程：50ns～820ms，精度：±5%	88.65	64.79	8.42	15.16	0.28
873138	网络特性测量仪						
873138001	网络测试仪	超五类线缆测试仪	104.64	77.14	9.72	17.50	0.28
873138002	网络测试仪	1000M 以太网测试仪	109.90	81.20	10.15	18.27	0.28
873138003	网络测试仪	测试 100M 以太网的性能，±1.0%	139.82	105.56	12.14	21.85	0.28
873138007	网络分析仪	量程：10Hz～500MHz	41.77	29.23	4.38	7.88	0.28
873138008	网络分析仪	量程：300kHz～3GHz	285.77	233.85	18.45	33.19	0.28
873138009	网络分析仪	量程：30kHz～6GHz，分辨率：1Hz	192.05	149.40	15.13	27.24	0.28
873138010	网络分析仪	量程：100MHz～18GHz	207.24	162.39	15.92	28.65	0.28
873138011	网络分析仪	1.5，2，8，34，45，52，139，155MHz	463.05	404.49	20.81	37.46	0.28
873138015	PDH/SDH 分析仪	2，8，34，139，155，622，2488Mb/t，光接口：1310，1550nm	643.94	578.95	23.11	41.60	0.28
873138019	40G SDH 分析仪	量程：1.5MHz～43GHz，OTN：OTU1/OTU2/OTU3，PDH：E1/E2/E3/E4，DSn：DS1/DS3	1590.74	1492.11	35.12	63.22	0.28
873138023	SDH，PDH 以太网测试仪	2.7，10.7，11.05，11.09Gb/s	422.50	365.38	20.30	36.54	0.28
873138027	微波综合测试仪	量程：9kHz～18GHz	338.32	284.19	19.23	34.62	0.28
873138031	微波网络分析仪	量程：0.11～12.4GHz，相位：0～360°	41.34	28.91	4.34	7.81	0.28
873138035	无线电综合测试仪	量程：400kHz～1000MHz	145.81	110.43	12.53	22.56	0.28
873138036	无线电综合测试仪	量程：100kHz～1.15GHz	458.97	400.56	20.76	37.37	0.28
873138040	基站系统测试仪	量程：10MHz ～ 1000MHz	19.66	13.07	2.25	4.06	0.28

编　码	仪器仪表名称	性能规格	台班单价（元）	费用组成（元）			
				折旧费	维护费	校验费	动力费
873138044	电台综合测试仪	量程：0.25～1000MHz	217.36	171.44	16.30	29.34	0.28
873138048	集群系统综合测试仪	量程：1GHz/2.7GHz	531.95	470.94	21.69	39.04	0.28
873138052	协议分析仪	量程：1000MHz	234.47	186.75	16.94	30.50	0.28
873140	**衰减器及滤波器**						
873140001	精密衰减器	衰减：91dB，ρ：75Ω，频率：0～25MHz	5.48	3.09	0.81	1.46	0.11
873140002	精密衰减器	衰减：111.1dB，ρ：75Ω，频率：0～10MHz	5.33	3.00	0.79	1.42	0.11
873140010	标准衰减器	衰减：0～110dB，频率：0～2GHz	5.90	3.33	0.88	1.58	0.11
873140018	衰耗器（不平衡）	衰减：0～131.1dB，频率：0～10MHz	6.17	3.49	0.92	1.65	0.11
873140019	衰耗器（不平衡）	衰减：0～91.9dB，频率：0～30MHz	6.32	3.57	0.94	1.69	0.11
873140027	步进衰减器	衰减：0～50dB，频率：12.4GHz	6.88	3.90	1.03	1.85	0.11
873140028	步进衰减器	振幅：1.52mm，频率：10～55Hz	33.27	23.14	3.58	6.44	0.11
873140036	同轴步进衰减器	衰减：80dB，频率：8GHz	7.09	4.02	1.06	1.90	0.11
873140044	可变式衰减器	衰减：0～100dB，频率：0～2GHz	6.32	3.57	0.94	1.69	0.11
873140045	可变式衰减器	衰减：＞20dB，频率：0.5～4GHz	10.38	6.41	1.38	2.48	0.11
873140046	可变式衰减器	衰减：＞20dB，频率：4～8GHz	10.72	6.66	1.41	2.54	0.11
873140054	光可变衰耗器	衰减：0～20dB，精度：±0.1％，波长：1310/1550nm	24.39	16.65	2.72	4.90	0.11
873144	**场强干扰测量仪器及测量接收机**						
873144001	场强仪	量程：－120dB，VHF/UHF 频段	9.27	5.52	1.26	2.27	0.22

编　码	仪器仪表名称	性能规格	台班单价（元）	费用组成（元）			
				折旧费	维护费	校验费	动力费
873144002	场强仪	量程:9～110dB,频率:8.6～9.6GHz	9.11	5.40	1.24	2.24	0.22
873144003	场强仪	量程:20～130dBμV,频率:300MHz～10GHz	98.06	72.10	9.19	16.55	0.22
873144004	场强仪	量程:－10～130dBμV,频率:5MHz～1GHz	16.50	13.32	2.78	0.18	0.22
873144008	场强计	量程:46～860MHz,950～1700MHz	50.61	35.73	5.23	9.42	0.22
873144009	场强计	量程:46～1750MHz	14.50	9.34	1.76	3.17	0.22
873144013	场强测试仪	量程:20～130dB,频率:46～850MHz	13.39	8.53	1.66	2.98	0.22
873144014	场强测试仪	量程:10～110dB,频率:0.5～30MHz	6.86	3.82	1.00	1.81	0.22
873144018	便携式场强测试仪	频率:10kHz～3GHz ,精度:≤±0.00015%	176.80	136.41	14.35	25.82	0.22
873144022	噪声系数测试仪	量程:0～20dB,精度:<±0.1%; 量程: 0～30dB,精度:<±0.1%; 量程:0～35dB,精度:<±0.15%	40.61	28.42	4.27	7.69	0.22
873144026	自动噪声系数测试仪	量程:6～28dB,精度:±1%	10.61	6.50	1.39	2.50	0.22
873146	**波形参数测量仪器**						
873146001	频谱分析仪	频率:0.15～1050MHz	14.61	9.42	1.77	3.19	0.22
873146002	频谱分析仪	频率:9kHz～26.5GHz	261.30	211.11	17.85	32.12	0.22
873146003	频谱分析仪	频率:3Hz～51GHz,精度:±0.001%	506.63	446.58	21.37	38.46	0.22
873146007	失真度测量仪	频率:400Hz～1kHz,精度:±0.01%	8.94	5.28	1.23	2.21	0.22
873146008	失真度测量仪	频率:10Hz～109kHz	7.00	3.90	1.03	1.85	0.22
873146009	失真度测量仪	频率:2Hz～200kHz,精度:±0.1%	6.57	3.65	0.96	1.73	0.22
873146010	失真度测量仪	频率:2Hz～1MHz	7.94	4.55	1.13	2.04	0.22
873148	**电子示波器**						
873148001	示波器	频率:50MHz	8.55	4.95	1.19	2.13	0.28

编　码	仪器仪表名称	性能规格	台班单价(元)	费用组成(元)			
				折旧费	维护费	校验费	动力费
873148002	示波器	频率:100MHz	6.20	3.41	0.90	1.62	0.28
873148003	示波器	频率:70～ 200MHz	9.33	5.52	1.26	2.27	0.28
873148004	示波器	频率:300MHz	70.45	50.73	6.94	12.50	0.28
873148008	数字示波器	频率:500MHz	71.02	51.17	6.99	12.58	0.28
873148009	数字示波器	频率:1000MHz	308.71	255.64	18.86	33.94	0.28
873148010	数字示波器	频率:3GHz	459.24	400.82	20.77	37.38	0.28
873148014	宽带示波器(20G)	频率:20GHz ,采样率:80GSa/s	231.37	183.98	16.83	30.29	0.28
873148018	双通道数字存储示波器	频率:40MHz	7.05	3.90	1.03	1.85	0.28
873148019	双通道数字存储示波器	频率:60MHz	8.44	4.87	1.18	2.12	0.28
873148020	双通道数字存储示波器	频率:100MHz	9.33	5.52	1.26	2.27	0.28
873148024	16 通道数字存储示波记录仪	模拟带宽:1GHz,采样率:5～10GS/s,记录长度:25M～125M 点,4 个模拟通道和 16 个数字通道	29.77	20.46	3.23	5.81	0.28
873150	**通讯、导航测试仪器**						
873150001	PCM 测试仪	2048kb/s	42.33	29.64	4.43	7.98	0.28
873150005	PCM 话路特性测试仪	200～4000Hz,－60～6dBm	99.15	72.90	9.28	16.70	0.28
873150009	PCM 呼叫分析仪	300～3400Hz,频偏±5%	18.22	12.02	2.12	3.81	0.28
873150013	PCM 数字通道分析仪	2Mb/s	185.98	144.21	14.82	26.67	0.28
873150017	模拟信令测试仪	多频互控＋线路信令	378.65	323.09	19.74	35.54	0.28
873150021	数据接口特性测试仪	64kb/s	157.77	120.17	13.33	23.99	0.28

编　码	仪器仪表名称	性能规格	台班单价（元）	费用组成（元）			
				折旧费	维护费	校验费	动力费
873150025	通用规程测试仪	V5 规程式 ISDN	28.99	19.89	3.15	5.67	0.28
873150026	通用规程测试仪	V5 规程 ISDN 规程 7 号信令	287.51	235.47	18.49	33.27	0.28
873150030	信令综合测试仪	10～1000MHz	170.22	130.73	14.00	25.20	0.28
873150031	信令综合测试仪	传输线路质量测试专用	50.22	35.40	5.19	9.35	0.28
873150035	分析仪	1 号信令	10.11	6.09	1.34	2.40	0.28
873150036	分析仪	7 号信令	16.77	10.96	1.98	3.56	0.28
873150040	数据分析仪	50b/s～115.2kb/s	29.55	20.30	3.21	5.77	0.28
873150044	传输测试仪	300Hz～150kHz	13.45	8.53	1.66	2.98	0.28
873150048	数字传输分析仪	测 1～4 次群通信系统误码相位抖动	9.11	5.36	1.24	2.23	0.28
873150052	数字性能分析仪	64kb/s,2Mb/s	87.75	64.09	8.35	15.03	0.28
873150056	数字通信分析仪	50b/s～115.2kb/s	25.94	17.66	2.86	5.14	0.28
873150060	通信性能分析仪	2Mb/s～2.5Gb/s	5.21	2.84	0.75	1.35	0.28
873150064	PDH 分析仪	2,8,34,139Mb/s 数字传输系统	172.11	132.35	14.10	25.38	0.28
873150068	传输误码仪	16,32,64,128,256,512,1024,2048kb/s	11.49	7.10	1.47	2.64	0.28
873150072	误码率测试仪	622Mb/s	513.39	453.04	21.45	38.61	0.28
873150073	误码率测试仪	2.5Gb/s	1021.32	942.92	27.90	50.22	0.28
873150074	误码率测试仪	10Gb/s	1206.55	1121.57	30.25	54.45	0.28

编　码	仪器仪表名称	性能规格	台班单价（元）	费用组成（元）			
				折旧费	维护费	校验费	动力费
873150078	电平传输测试仪	200Hz～6MHz	26.57	18.12	2.92	5.25	0.28
873150082	电话分析仪	量程:6.5～25.0PPS、20～80M/B,位准差测试 :0～－25.5dBm	5.21	2.84	0.75	1.35	0.28
873150086	市话线路故障测量仪	开路、短路、故障点定位	11.78	7.31	1.50	2.69	0.28
873150090	便携式中继器检测仪	量程:10～150dBμV	14.93	9.61	1.80	3.24	0.28
873150094	3cm 雷达综合测试仪	频率:8.6～9.6GHz,输出:2mW～2W	127.85	95.81	11.34	20.42	0.28
873150098	手持 GPS 定位仪	定位时间:5s，定位精度：3m,存储容量:2G	4.30	2.31	0.61	1.10	0.28
873150102	对讲机(一对)	最大通话距离:5km	4.16	2.23	0.59	1.06	0.28
873152	**有线电测量仪器**						
873152001	选频电平表	频率:200Hz～1.86MHz	8.83	5.20	1.22	2.19	0.22
873152002	选频电平表	频率:10kHz～36MHz	7.61	4.30	1.10	1.98	0.22
873152006	高频毫伏表定度仪	频率:100kHz	3.54	1.91	0.50	0.90	0.22
873152010	低频电缆测试仪	频率:800Hz,精度:±2%,电平:0～110dB	18.17	12.02	2.12	3.81	0.22
873152014	电缆测试仪	量程:10m～20km	15.61	10.15	1.87	3.37	0.22
873152018	电缆故障测试仪	双头测量:19999m	22.83	15.43	2.56	4.62	0.22
873152019	电缆故障测试仪	测距:≤15km(电力),≤50km(通信)	15.05	9.74	1.82	3.27	0.22
873152023	电缆故障探测装置	测距:75km,测量盲区<20m	79.16	57.50	7.66	13.78	0.22
873152027	电缆对地路径探测仪	测量深度：5m(用于探测电缆的敷设路径、埋设深度,故障电缆的鉴别)	6.15	3.41	0.90	1.62	0.22
873152031	钳型多功能查线仪	250V,5A	9.27	5.52	1.26	2.27	0.22

编　码	仪器仪表名称	性能规格	台班单价（元）	费用组成（元）			
				折旧费	维护费	校验费	动力费
873152035	电缆识别仪	1～2s 间隙调制，灵敏度：6 级	35.05	24.36	3.74	6.73	0.22
873152039	电缆长度仪	量程：0～1000m	10.61	6.50	1.39	2.50	0.22
873152043	地下管线探测仪	测量深度：4.5m，灵敏度：≤100μA，1m 处测试埋深误差：±5cm	72.00	51.97	7.07	12.73	0.22
873152047	驻波比测试仪	频率：5～6000MHz	86.50	63.17	8.25	14.85	0.22
873152051	线路测试仪	测试线缆：RJ11、RJ45	10.08	6.11	1.34	2.41	0.22
873152055	中继线模拟呼叫器	中继呼叫	99.33	73.08	9.29	16.73	0.22
873152059	用户模拟呼叫器	用户端模拟呼叫	119.82	89.32	10.81	19.46	0.22
873154	**电视用测量仪器**						
873154001	视频分析仪	测量包括：CCIR REP.624－1，Rec.567 和 Rec.569 等规定的项目	114.89	85.26	10.48	18.87	0.28
873154005	视频综合测试仪		16.58	12.13	1.49	2.68	0.28
873158	**声级计**						
873158001	声级计	声压：35～130dB，频率：20Hz～8kHz	2.98	1.62	0.43	0.77	0.17
873158005	精密声级计	声压：38～140dB，频率：0Hz～18kHz	5.60	3.13	0.82	1.48	0.17
873158009	STIPA 测试仪	量程：30～130dBSPLA，频率：10Hz～20kHz，延时分辨率：<0.1ms	23.89	16.24	2.67	4.81	0.17
873164	**声振测量仪**						
873164001	抖晃仪	3kHz±10%，3.15kHz±10%	10.44	6.33	1.37	2.46	0.28
873164002	抖晃仪	CCIR，测定范围：0.03%～3%	12.56	7.88	1.57	2.83	0.28
873164003	抖晃仪	20Hz～50kHz，0.0015%～3%	14.56	9.34	1.76	3.17	0.28

编　码	仪器仪表名称	性能规格	台班单价（元）	费用组成（元）			
				折旧费	维护费	校验费	动力费
873164004	抖晃仪	测定范围：0.03%，0.1%，0.3%，1%，3%	24.56	16.65	2.72	4.90	0.28
873164008	抖动调制振动器	输入频率：10Hz～39MHz	5.35	2.92	0.77	1.38	0.28
873172	**数据仪器**						
873172001	逻辑分析仪	16 通道	44.55	31.26	4.65	8.37	0.28
873172002	逻辑分析仪	32 通道，定时：200Msa/s	65.74	47.09	6.56	11.81	0.28
873172003	逻辑分析仪	34 通道	124.27	92.90	11.10	19.99	0.28
873172004	逻辑分析仪	68 通道，定时：400Msa/s	76.25	55.21	7.41	13.35	0.28
873172005	逻辑分析仪	80 通道，100MHz	126.29	94.54	11.24	20.23	0.28
873172006	逻辑分析仪	采样率：150MHz、500MHz	102.53	75.51	9.55	17.19	0.28
873174	**计算机用测量仪器**						
873174001	编程器	3A	3.15	1.62	0.43	0.77	0.34
873174005	存储器测试仪	动态：RAM256K，静态：64K	5.70	3.09	0.81	1.46	0.34
873174009	微机继电保护测试仪	模拟测试，1.6/1.0MB 数据交换	195.91	152.65	15.33	27.59	0.34
873174013	铭牌打印机	打印量程：54mm（长）× 496mm（宽）	30.72	21.11	3.31	5.96	0.34
873174017	线号打印机	标签等材料上打印字符	3.93	2.07	0.54	0.98	0.34

87—46.专用仪器仪表

87—46.专用仪器仪表

编　码	仪器仪表名称	性能规格	台班单价(元)	费用组成(元)			
				折旧费	维护费	校验费	动力费
874614	安全仪器						
874614001	SF_6精密露点测量仪	量程:−80～20℃,精度:±0.5℃,分辨率:0.01℃或0.1ppm	19.77	12.87	2.41	4.33	0.17
874614009	SF_6气体成分测试仪	控温精度:<±0.1%; 检测器灵敏度:S值≥7000mV.mL/mg, Air、CF_4:优于0.0003%,SO_2:<±0.1%; 量程:0.0～100.0 μL/L,H_2S:<±0.1%; 量程:0.0～100.0 μL/L,CO:<±0.1%; 量程:0.0～1000.0 μL/L	24.82	16.56	2.89	5.21	0.17
874614017	SF_6微水分析仪	微水量程:−60～20℃,精度:±2%; 响应时间:−60～20℃, 5s(63%)、45s(90%); 20～−60℃,10s(63%)、240s(90%)	21.39	14.05	2.56	4.61	0.17
874614025	SF_6微量水分测量仪	量程:T_d−80 ～ 20℃/ −60 ～60℃,测量气体:H_2、SF_6、O_2、N_2、压缩空气等多种气体,露点精度:T_d≤± 1%	55.49	38.97	5.84	10.51	0.17
874614033	SF_6定量检漏仪	量程:0～500μL/L	11.34	6.71	1.60	2.87	0.17
874614041	SF_6定性检漏仪	检漏精度:≥±0.35%	14.16	8.77	1.87	3.36	0.17
874614049	CO气体检测报警仪	量程:0～1000ppm,2000ppm,误差≤5%	6.94	3.90	1.03	1.85	0.17
874614050	CO_2气体检测报警仪	量程:0～50000ppm,50000ppm,误差≤5%	12.69	7.69	1.72	3.10	0.17
874614057	H_2S检测报警器	量程:0～30ppm (0.1ppm),报警设定值:10～30ppm	14.75	9.20	1.92	3.46	0.17
874614065	H_2S气体检测报警仪	量程:0～200ppm,1000ppm,误差≤8%	7.31	4.11	1.08	1.95	0.17
874614073	H_2气体检测报警仪	量程:0～1000ppm,2000ppm,误差≤5%	9.57	5.41	1.42	2.56	0.17
874614081	Cl_2气体检测报警仪	量程:0～20ppm,250ppm,误差≤5%	10.46	6.06	1.51	2.72	0.17
874614089	四合一气体检测报警仪	CH_4:0～4%,CO:0～1000ppm, O_2:0～25%,H_2S:0～100ppm	15.20	9.53	1.97	3.54	0.17

编码	仪器仪表名称	性能规格	台班单价(元)	费用组成(元)			
				折旧费	维护费	校验费	动力费
874614097	O_2检测报警器	量程:0～25VOL% ,精度:<±0.3%,报警设定值:18VOL%以下	13.71	8.44	1.82	3.28	0.17
874614105	气体分析仪	O_2:0～21VOL% ,CO:0～4000ppm,CO_2:0～8000ppm,H_2补偿:8000～30000ppm	34.76	23.82	3.85	6.92	0.17
874614113	便携式气体分析仪	NO_x:0～25/50/100/250/500/1000/2500/4000ppm ,O_2:0～5/10/25VOL%	188.16	142.32	16.31	29.36	0.17
874614114	便携式多组气体分析仪	CO:0～100ppm,0～100VOL% ;CO_2:0～1000ppm,0～100VOL%	121.24	88.89	11.49	20.69	0.17
874614122	便携式可燃气体检漏仪	量程:0～100%LEL,分辨率 :0.01%LEL,精度:±2%FS,响应时间:≤5s,恢复时间:≤15s,重复性:±0.5%,线性误差:±1.0%,不确定度:2%Rd±0.1	12.68	7.69	1.72	3.10	0.17
874614130	氨气检漏仪	量程:0～0.4ppm	73.28	51.97	7.55	13.59	0.17
874614138	有害气体检漏仪	量程:0～1000ppm	59.65	42.01	6.24	11.23	0.17
874614146	气体、粉尘、烟尘采样仪校验装置	动压:0～3000Pa,精度:±1.0%;静压:－30～30kPa ,精度:±2.0 %;温度:－20～55℃,精度:±0.1%、±0.5%;大气压:70～110kPa,精度:±0.2%、±0.01%;压力发生泵调压量程:－35～35kPa	19.61	12.75	2.39	4.30	0.17
874614147	便携式煤粉取样装置		19.94	12.96	2.43	4.37	0.17
874614154	烟气采样器	烟尘采样流量:4～40L/min,烟气采样流量:0.15～1.5L/min,隔膜式真空泵抽气能力:20kPa,阻力时,流量大于 30L/min,数字微压计测压量程:0～2000Pa	19.91	12.97	2.42	4.35	0.17
874614162	火灾探测器试验器	报警响应时间<30s	3.93	2.17	0.57	1.03	0.17
874614170	电火花检测仪	适用检测厚度:0.5～10mm	10.76	6.28	1.54	2.77	0.17
874614178	烟气分析仪	烟气参数测量:O_2、CO、CO_2(红外)、NOx、SO_2、HC、H_2S,烟气年排放量:SO_2、NOx、CO	76.24	54.13	7.83	14.10	0.17
874614179	烟气测试仪		39.29	27.35	4.20	7.56	0.17
874614186	黑度计自动测试仪	量程:0～4D(2mm 光孔),精度:±0.02%(0～3.5D),±0.04%(3.5～4D)	8.16	4.60	1.21	2.18	0.17

编　码	仪器仪表名称	性能规格	台班单价(元)	费用组成(元)			
				折旧费	维护费	校验费	动力费
874614194	界面张力测试仪	量程:5～95mN/m,快速:1mm/s,慢速:0.3～0.4mm/s,灵敏阀:0.1mN/m,准确度:±0.5mN/m	25.86	17.32	2.99	5.38	0.17
874614202	烟尘浓度采样仪	误差:±2%FS,信号输出:4～20mA,最大输出负载:500Ω,灵敏度:2mg/m³;量程:最小0～200mg/m³,最大0～10g/m³,烟囱大小:0.5～15m	24.82	16.56	2.89	5.21	0.17
874614210	加热烟气采样枪	流量范围:0.1～2L/min. 精度:±2.5%,时控范围:0～99s	46.31	32.26	4.96	8.92	0.17
874614218	离子浓度测试仪	量程 :0.00～14.00pX,精度:±0.5%读数值(一价),±1.0%读数值(二价),温度补偿:0～60℃	58.60	41.24	6.14	11.05	0.17
874614226	钠离子分析仪	浓度:0～999μg/L,0～200mg/La,pNa值:2.0～7.0,误差±0.03pNa	15.17	9.51	1.96	3.53	0.17
874614234	数字测氧记录仪	量程:0～100%,0～50%, 0～1%;精度:±0.15%,±0.3%,±3%;分辨率:0.01%	5.53	3.09	0.81	1.46	0.17
874614242	碳氢氮元素检测仪	C:0.02%～100%,H:0.02%～50%,N:0.01%～50%	90.75	64.74	9.23	16.62	0.17
874614250	同步热分析仪	量程:室温～1150℃,分辨率: 0.1℃,波动:±0.1℃,升温速率:1～80℃/min,降温速率:1～20℃/min	279.38	219.44	21.35	38.43	0.17
874614258	微量滴定仪	滴定精度:1.67μL/step,滴定速度:3.6mL/min,精度:99.8%,重复性误差:0.2%	103.57	75.24	10.06	18.10	0.17
874614266	氧量分析仪	量程:0.0～20.6%,零点漂移≤±2%F.S/7d,量程漂移≤±2%F.S/7d,重复性:≤±1%,氧气流量:(300±10)mL/ min,响应时间:T90≤15s,氧气压力:0.05MPa≤入口压力≤0.25MPa,	80.77	57.63	8.20	14.77	0.17
874616	**电站热工仪表**						
874616001	数字测振仪	加速度:0.1～199.9m/s²,peak(RMS×1.414)	10.91	6.39	1.55	2.79	0.17
874616009	便携式数字测振仪	加速度:0.1～199.9m/s²,0.1～199.9m/s²(RMS),位移:0.001～1.999mm,精度:±5%	13.71	8.44	1.82	3.28	0.17

编码	仪器仪表名称	性能规格	台班单价(元)	费用组成(元)			
				折旧费	维护费	校验费	动力费
874616017	测振仪	频率:10Hz～1kHz(LO),1kHz～15kHz(HI),速度:10Hz～1kHz,位移:10Hz～1kHz	13.27	8.12	1.78	3.20	0.17
874616018	测振仪	频率:1～300kHz,速度:0～100mm/s	394.77	324.79	24.94	44.87	0.17
874616019	测振仪	频率:1～3MHz,速度:0.1μm/s～10m/s	644.84	562.96	31.20	50.51	0.17
874616027	手持高精度数字测振仪 & 转速仪	量程:10～1000Hz	46.58	32.46	4.98	8.97	0.17
874616035	热工仪表校验仪	量程:0～±30V,分辨率:0.0001V; 精度:0.01%RD+0.01%F.S; 直流测量:0～±30mA,分辨率:0.0001mA, 精度:0.01%RD+0.01%F.S; 电流输出:0～30mA ,分辨率:0.0005mA, 精度:0.01%RD+0.01%F.S	9.38	5.30	1.40	2.51	0.17
874618	气象仪器						
874618001	热球式风速计	量程:0.2～20.0m/s	4.65	2.58	0.68	1.22	0.17
874618005	风速计	风速:0～45m/s,风温:0～60℃	4.42	2.45	0.64	1.16	0.17
874618009	叶轮式风速表	量程:0～50m/s	9.20	5.20	1.37	2.46	0.17
874618013	智能压力风速计	量程:−6～6kPa,压差:0～1000Pa	10.88	6.37	1.55	2.79	0.17
874618017	风压风速风量仪	风压:0～±2000Pa/3000Pa/6000Pa ; 风速:<55m/s,风量:<99999m³/s; 过载能力:≤200%FS;精度:±0.5%; 分辨率:1Pa/0.1Pa	5.81	3.25	0.85	1.54	0.17
874630	热力仪器、仪表						
874630001	动态盐垢沉积仪		76.15	54.33	7.73	13.92	0.17
874630005	高精度测厚仪装置		48.63	33.89	5.20	9.36	0.17
874630008	循环冷却水动态模拟试验装置		179.91	135.22	15.90	28.62	0.17
874630010	安全阀整定装置		66.75	47.32	6.88	12.38	0.17
874632	轨道工程						

编　码	仪器仪表名称	性能规格	台班单价（元）	费用组成(元)			
				折旧费	维护费	校验费	动力费
874632001	轨道电路分路器		13.49	8.12	1.75	3.16	0.45
874632003	机车信号车载系统检测仪		62.59	44.70	6.23	11.21	0.45
874632005	静态电阻应变仪		70.93	50.98	6.96	12.53	0.45
874632008	雷达主机		198.28	154.42	15.51	27.91	0.45
874632010	裂缝计		153.84	117.04	12.98	23.37	0.45
874632012	频率接收仪		44.43	31.64	4.41	7.93	0.45
874632015	数据采集系统		85.46	62.24	8.13	14.64	0.45
874632018	测斜仪		25.12	17.25	2.65	4.77	0.45
874632020	1.6G 天线		10.00	9.00	1.00		
874632021	200M 天线		25.00	22.50	2.50		
874632022	100M 天线		30.00	27.00	3.00		
874632025	电源干扰测试仪		28.97	19.60	3.19	5.74	0.45
874646	**建筑工程仪器**						
874646001	全站仪	量程:1200m	111.28	81.20	10.68	19.23	0.17
874646002	全站仪	测角精度：2″(0.6mgon)、5″(1.5mgon)	195.98	148.69	16.83	30.30	0.17
874646003	全站仪	量程:200m ,单棱镜测距:4500m, 精度:±(2+2ppm)	224.09	172.03	18.53	33.36	0.17
874646004	全站仪	单棱镜:5km,无棱镜:350m, 精度:无棱镜 5+3ppm,测量时间:测量 1s, 跟踪 0.5s	16.68	10.61	2.11	3.79	0.17

编　码	仪器仪表名称	性能规格	台班单价（元）	费用组成（元）			
				折旧费	维护费	校验费	动力费
874646005	全站仪	测程：2km/单棱镜，精度：±（2mm＋2ppm×D），高速测距：精测 1.2s，粗测 0.7s，跟踪 0.4s	39.20	27.07	4.27	7.69	0.17
874646006	全站仪	测距精度：1mm＋1.5×$10^{-6}D$，无棱镜测距精度：2mm＋2×$10^{-6}D$，测程＞1000m	348.26	281.48	23.80	42.82	0.17
874646007	全站仪	最短视距：1.7m，测程：单棱镜 3000m、无棱镜 280m，灰卡白色面（90%反射率）；精度：有棱镜±（2＋2ppm）、无棱镜±（2＋2ppm）；角度测量：1″，5″，10″	46.61	32.48	4.99	8.97	0.17
874646008	全站仪	最短视距：1.0m，量程：单棱镜 2200m、三棱镜 3000m、无棱镜 180m、270m，棱镜/反射贴片精度：±（2mm＋2ppm×D），免棱镜精度：±（5mm＋2ppm×D），测距时间：正常 2.0s、快速 1.2s	51.05	35.73	5.41	9.74	0.17
874646009	全站仪	测程：5000m，精度：±（2＋2ppm），测角精度：2″，放大倍率：30x	118.00	86.39	11.23	20.22	0.17
874646010	全站仪	测角精度：2″，测程：3500m，无棱镜 500m	114.08	83.36	10.91	19.64	0.17
874646011	全站仪	测角精度：1″，测程：＞1000m，无棱镜 500m	348.26	281.48	23.80	42.82	0.17
874646013	对中仪	测距：10m，精度：±1%	109.87	80.11	10.57	19.03	0.17
874646014	电子对中仪	测距：20m，精度：±0.001%	173.71	130.56	15.35	27.63	0.17
874646018	全自动激光垂准仪	上/下对点精度：±2″，工作量程：上/下 150m	22.91	15.16	2.71	4.87	0.17
874646022	红外线水平仪	范围：±1mm/5m	4.96	2.76	0.73	1.31	0.17
874646026	定位仪	定位范围：±50m	170.26	127.75	15.12	27.22	0.17
874646030	数字点式环线专用调相测试仪	频率：0.4～1000MHz，阻抗：50Ω， 电平：－127～0dBm，调幅：0～99%，调频：0～25kHz，调相：0～10rad	34.31	23.49	3.80	6.85	0.17
874646034	移频参数在线测试仪	频率：5～5000Hz，灵敏度：＜2mV/5mA， 电压真有效值：5～5000Hz，0～400V， 分辨率：1mV，0.01V，0.1V，精度：±1.0%	36.88	25.37	4.05	7.29	0.17
874646038	混凝土实验搅拌仪	搅拌容量：30L	19.86	10.50	2.09	3.77	3.50
874646040	分层沉降仪		92.26	65.61	9.36	16.84	0.45